わくわく微生物ワールド

1 地球ではたらく カビとバクテリアたち

監修：細矢 剛（国立科学博物館）

はじめに

みなさんのまわりには、目に見えない生き物がたくさんいます。これらは「微生物」とよばれる生き物です。とても小さくて見えないけれど、姿もはたらきもさまざまで、地球のあらゆる環境に生きています。微生物はそのはたらきによって、わたしたちの生活をさまざまなかたちでささえています。

また、わたしたちが現在の地球で生きられるのも、微生物のおかげといえます。でも、微生物がいることは300年近く前までわかっていませんでした。

この本は、そんな微生物のはたらきをしょうかいしていきます。身のまわりのどんなところに、どんな微生物がいるのかな？　また、みなさんのくらしとどんなふうに関係しているのかな？

微生物のくらしと、わたしたちのくらしとのつながりを、思いえがきながら読んでみましょう。きっと今まで想像しなかったような世界が広がりますよ。

国立科学博物館
細矢 剛

もくじ

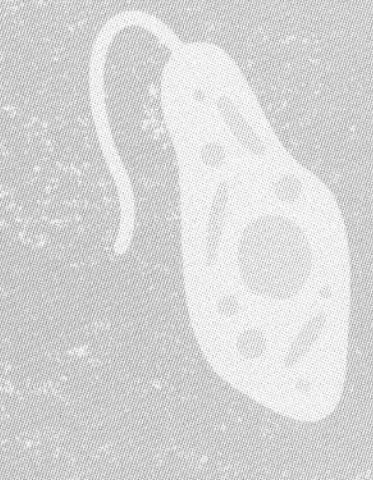

本文中、※印をつけた言葉の解説は、P.38にあります。

目に見えない生き物がいる

目に見えないほど小さい生き物がいるって、きみは知っている？　アリよりも、もっともっと小さい生き物のことだよ。

その生き物は、「肉眼※」では見えないけれど、きみのまわりにたくさんいる。これを「微生物」というよ。

アリの大きさ

きみたちがよく見かけるクロオオアリは、1センチメートルぐらいの大きさだよ。きみの指先に乗るぐらいの大きさだね。

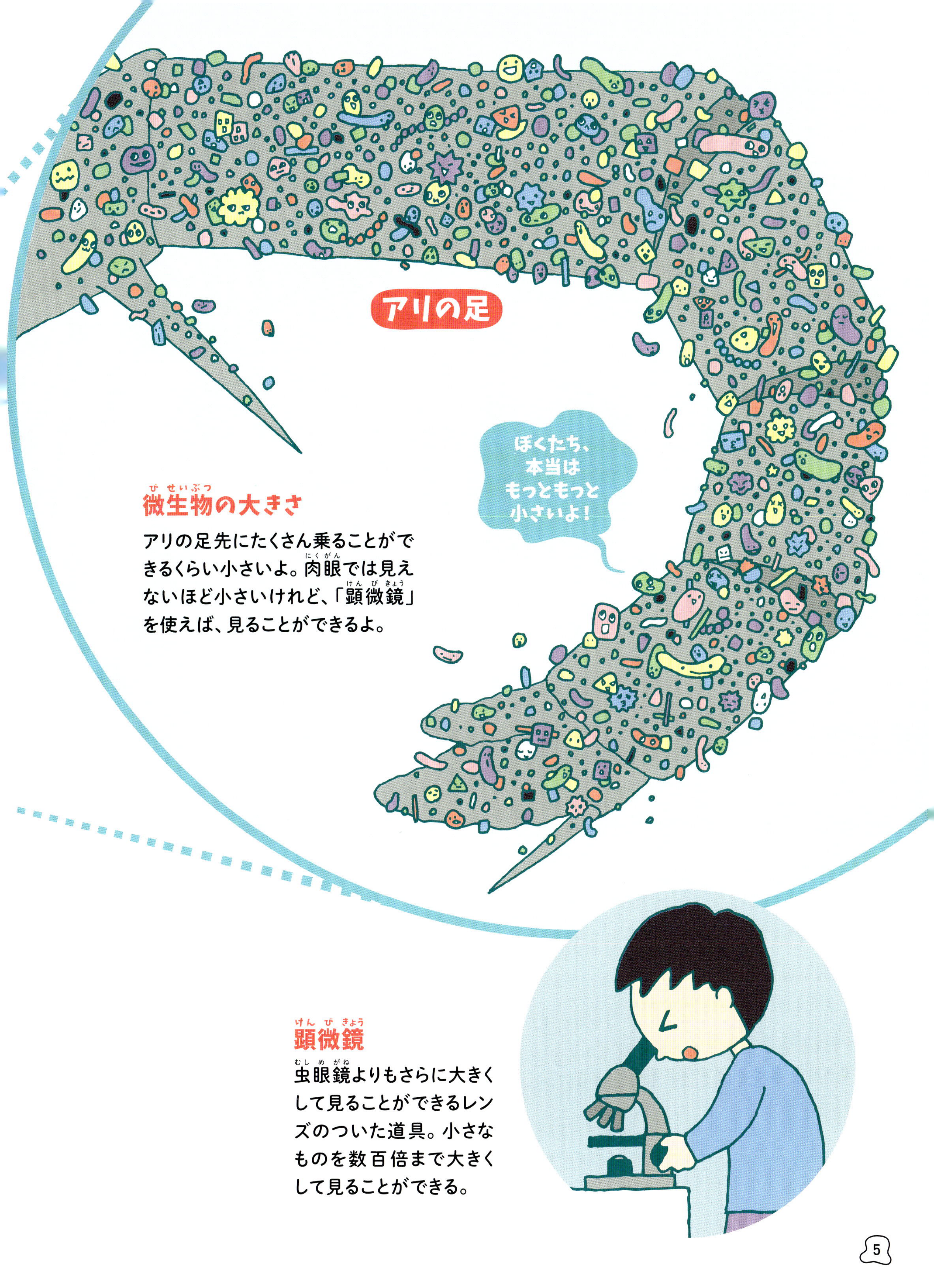

微生物の大きさ

アリの足先にたくさん乗ることができるくらい小さいよ。肉眼では見えないほど小さいけれど、「顕微鏡」を使えば、見ることができるよ。

顕微鏡

虫眼鏡よりもさらに大きくして見ることができるレンズのついた道具。小さなものを数百倍まで大きくして見ることができる。

微生物はどんな姿？

微生物には、いろいろな姿のものがいる。まん丸だったり、糸みたいだったり、毛むくじゃらだったり。動くものもいれば、動かないものもいる。

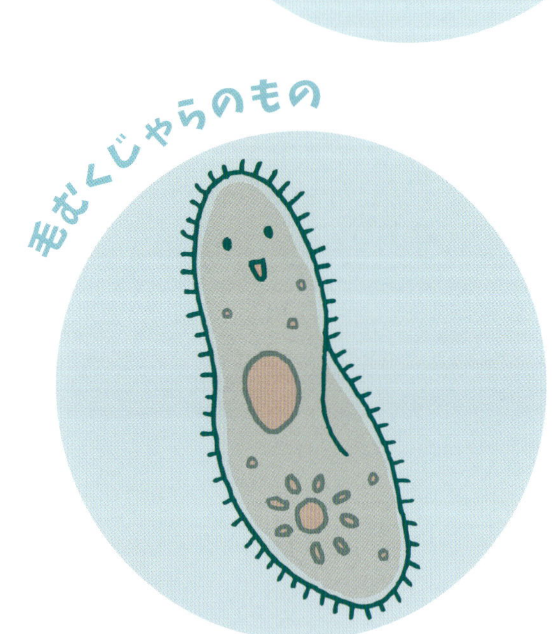

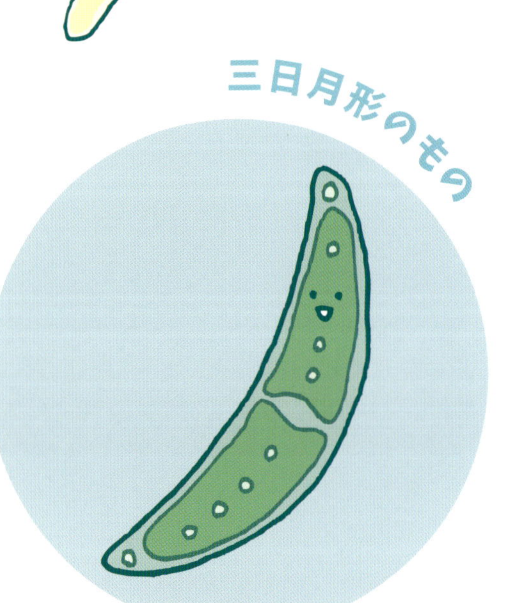

微生物(びせいぶつ)1個(こ)1個(こ)は小さいけれど、たくさんふえると、顕微鏡(けんびきょう)を使わなくても見ることができる。

パンに生えたカビを見たことある? 最初は、目に見えないほど小さい微生物(びせいぶつ)が、パンの「養分※」をもとに、どんどんふえたものなんだよ。

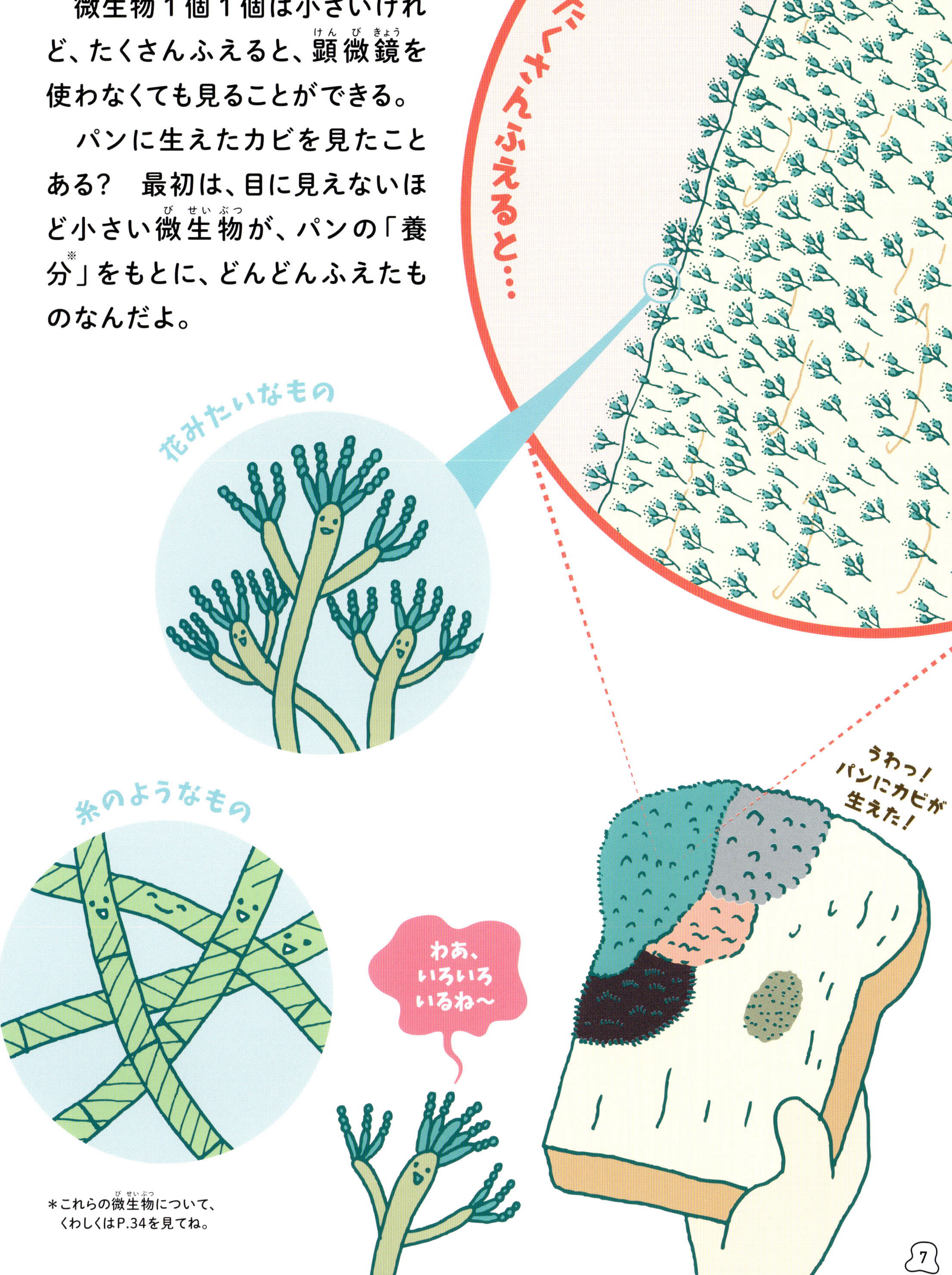

＊これらの微生物(びせいぶつ)について、くわしくはP.34を見てね。

微生物はどこにいる？

微生物は、目に見えないけれど、どこにでもいる。きみの体の中にも、土の中にも、水の中にも、たくさん微生物がいる。空気の中にだって、ただよっている微生物がいるよ。

空気の中

微生物はとても軽いので、空気の中をふわふわとただようものもいる。

体の中

人の皮ふの上や、口の中、腸の中など、さまざまな場所にいる。(→3巻)

人の体の中に…

微生物
100,000,000,000,000個！

水の中

海や川や湖の水の中には、太陽の光をエネルギーにしている微生物がたくさんいる。(→P.20)

土の中

土の中には、落ち葉や動物のフン、死がいなどを栄養にしている微生物がたくさんいる。(→P.10)

もっと知りたい！

きびしい環境にくらす微生物

熱い温泉の中でも、2千メートルをこえるような深い海の底でも、冷たい氷の表面でも、微生物を見つけることができる。人だったらとてもくらせないようなところにも、微生物はいるんだ。

森をそうじする微生物(びせいぶつ)

森では、毎年たくさんの葉が地面に落ちるよね。そして、森でくらす動物たちは、毎日地面にフンを落とすよ。でも、森が落ち葉や動物のフンなどでうめつくされてしまわないのはなぜだろう。

じつは、微生物(びせいぶつ)が森のそうじをしているんだ。そうじといっても、ほうきではいたり、運んだりするんじゃないよ。

こんな微生物(びせいぶつ)が大かつやく!

アオカビ(菌類(きんるい))

落ち葉やフンなど、いろいろなものを栄養にしている。肉眼(にくがん)※では、たくさん集まった「胞子(ほうし)※」が青緑色や緑色に見える。

ミズタマカビ(菌類(きんるい))

動物のフンだけにつくカビ。

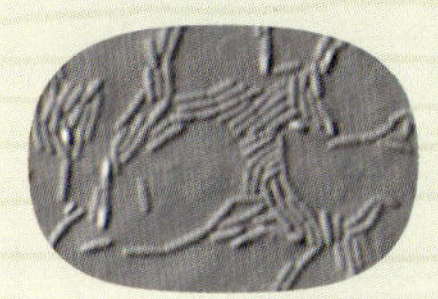

バクテリア〈細菌(さいきん)〉の仲間

菌類(きんるい)よりずっと小さい。落ち葉やフンなどを栄養にしている。

落ち葉のゆくえ

落ち葉が消えてなくなるわけは、落ち葉の下を見てみるとわかる。落ち葉をかきわけてみると、土と葉のまじったようなものがあらわれ、もっとかきわけると土だけになる。落ち葉は土になるのかな。

土になる落ち葉

落ち葉は、ダンゴムシやヤスデなどの小さな生き物にとってごちそうなんだ。葉のあちこちが、生き物たちにかじられていく。残ったところも、だんだんに色がぬけてぼろぼろになり、最後にはくさって土といっしょになってしまった。

ものを「くさらせる」ことを「分解(ぶんかい)※」といい、目には見えないけれど、微生物(びせいぶつ)が仕事をしているんだ。

カビは落ち葉が大好物

ここでは、カビがどうやってはたらいているかを話すよ。カビの胞子※は葉にくっつくと、植物の根のような「菌糸※」をのばして分解※をはじめ、葉の養分※を直接吸いとって成長していく。養分を吸いとられた葉はぼろぼろになり、土といっしょになるよ。

のびた菌糸は、先っぽに胞子をたくさんつけて飛ばす。植物の種みたいなものだよ。胞子は、風や水に乗ってどんどん広がっていくんだ。

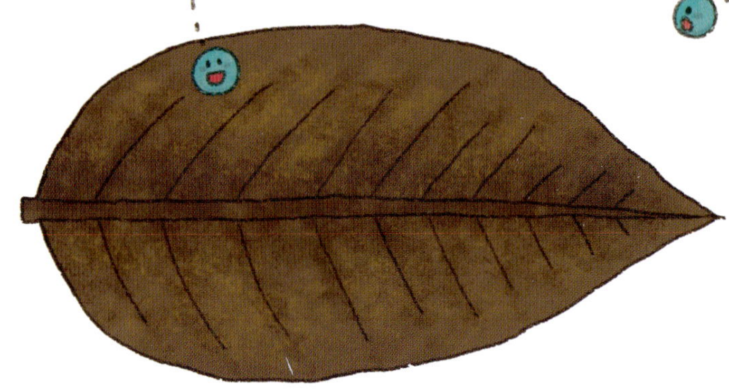

1 カビの胞子が葉にくっつく。

カビが胞子を飛ばすまで

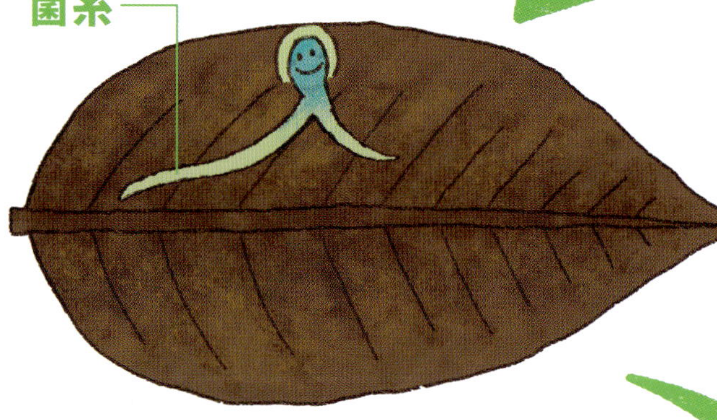

2 カビの胞子が菌糸をのばす。

落ち葉の上で陣地を広げるんだ

3 葉の養分を吸いとりながら、菌糸をどんどん広げる。

▲養分をとられた葉は、色が白く変わっている。

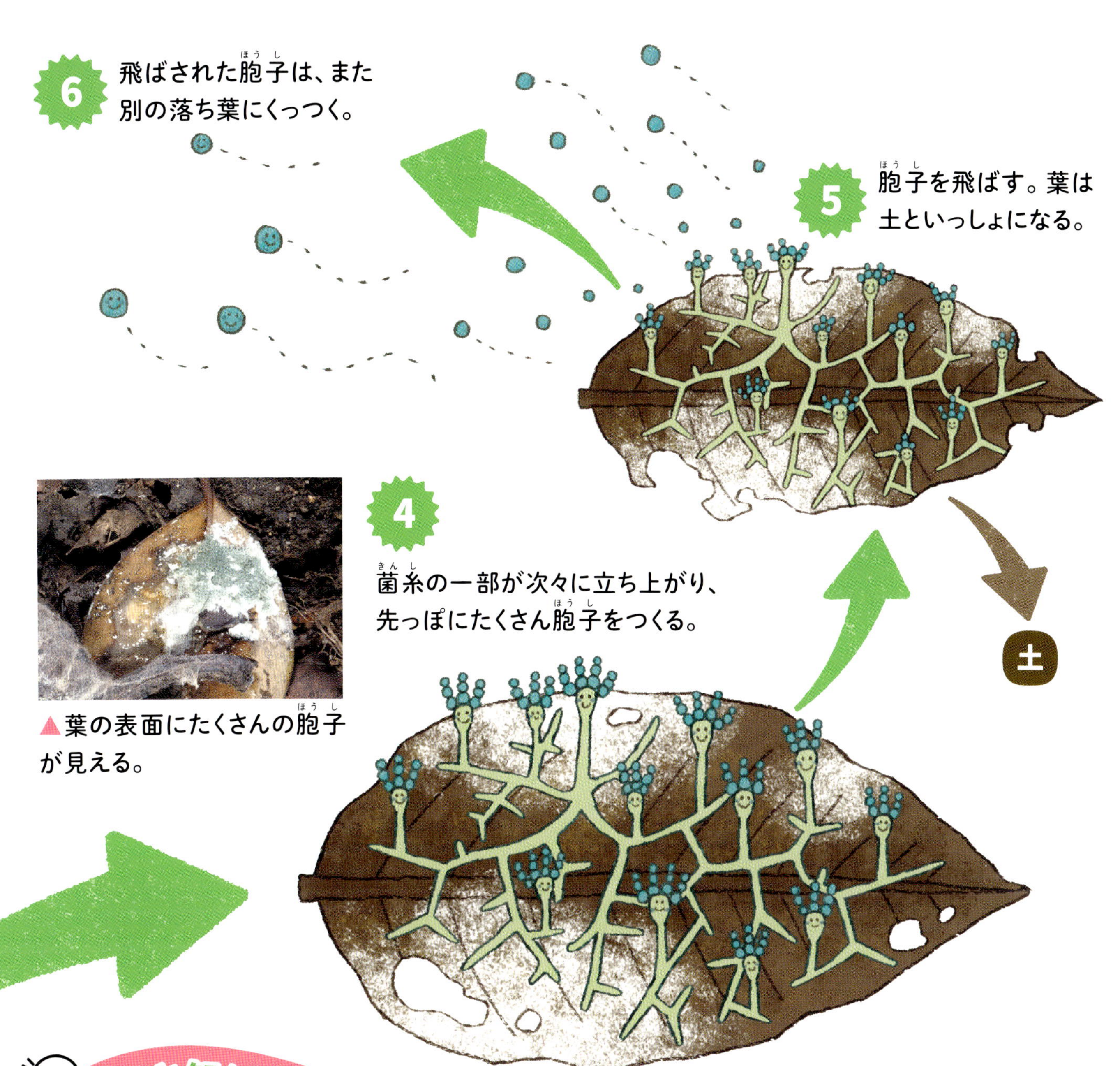

▲葉の表面にたくさんの胞子(ほうし)が見える。

もっと知りたい！

バクテリアの仲間も大かつやく！

バクテリアは、カビよりもずっと小さいのですが、カビと同じように落ち葉などを栄養にしてくらしています。バクテリアは、吸(す)いとった養分をもとに、自分の分身を次々とふやします。土の中のバクテリアは、もうひとりの森のそうじ屋さんなのです。

フンのゆくえ

森でくらす動物のフンのそうじも、微生物の大切な仕事だよ。そうじしないと、森はフンだらけになってしまうからね。

フンには、いろいろなカビやバクテリアがつくけれど、カビの一種の「ミズタマカビ」は、フンにだけ生える変わったカビなんだよ。

4

動物の体の中で、ミズタマカビの胞子は、胃酸や体内の温度によって目をさまし、成長する準備が整う。

動物

ミズタマカビの胞子

草

1

ミズタマカビの胞子※が草にくっつく。胞子はまだ眠っている。

2

ミズタマカビの胞子のついた草を、シカなどの動物が食べる。

3

ミズタマカビの胞子は、草といっしょに、動物の体の中を通っていく。草は消化されてどろどろになってフンになるが、胞子はかたい殻に守られていて、とけることはない。

◀フンに生えたミズタマカビ。菌糸の一部が立ち上がり、先っぽに胞子のたくさんつまった袋がある。立ち上がった高さは2〜3ミリメートル。

ミズタマカビの胞子のつまった袋は破裂して、胞子を2メートルぐらい飛ばす。人にたとえたら、野球のボールを2キロメートル先に飛ばすぐらいのきょり。

5

フンといっしょに外に出る。ミズタマカビの胞子は、菌糸※をのばして分解※をはじめ、フンから養分※を吸いとる。

6

養分をいっぱいに吸ったミズタマカビは、胞子をたくさんつくって飛ばす。ミズタマカビによって養分を吸いとられたフンは、土といっしょになる。

7

ミズタマカビの胞子は、草にくっつき、動物に食べられるときを待つ。(→**1**にもどる)

かたちを変えてめぐる養分

微生物がつくった土の養分※をもとに、植物は成長するよ。そして、成長した植物の葉や実は、動物が食べるんだ。動物の食べ残しやフン、死がい、落ち葉などは、微生物の栄養になり、分解※されて、ふたたび土の養分になる。

微生物のはたらきでつくり出されたものは、かたちを変えて、生き物の間をめぐっているんだよ。

動物

植物や、植物を食べる動物を食べ、養分をもらう。食べ残しやフン、死がいは微生物の栄養になる。また、「呼吸」※によって吸った酸素は、二酸化炭素になって吐き出され、植物の光合成の材料になる。

森が落ち葉やフンでうまらないのは、微生物のはたらきのおかげなんだね。

微生物

落ち葉や枝、動物の食べ残しやフンなどを分解して養分をもらい、土の養分や水、二酸化炭素に変える。これらは、植物の成長や光合成の材料になる。

やってみよう！

土の中の微生物を観察してみよう

空気の中、水の中、土の中…微生物は、いたるところにいる。土の中にいる微生物に食べ物をやり、ふやして観察してみよう。目に見えない小さな生き物も、ふえれば目で見えるようになるよ。

用意するもの

●食べ物

微生物は何が好きかな。いろいろな食べ物を試してみよう。小さく切って使うよ。

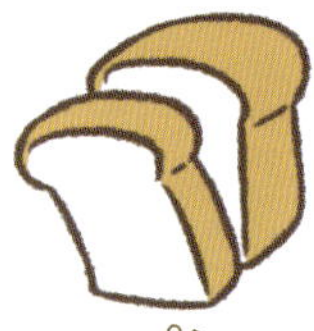
パン

くだもの

ゆで卵

●虫眼鏡　**●ペン**

●シャベル

水洗いしてから使おう。

●霧吹き

●透明の容器

ふたのある、新品で使い捨てできるものがよい。一度でも使ったことのある容器だと、微生物がついているかもしれないから、実験には使えないよ。容器の中でふえた微生物は、食べ物をくさらせているので、実験が終わったらふたをしたまま捨てよう。

●新品のビニール袋

●土

いろいろな場所の土で実験しよう。土の中にいる虫は、食べ物を食べてしまうので、のぞいておこう。

花壇

池のそば

畑

やり方

1 土を容器に入れる

シャベルで土をすくい、容器に入れて、土を平らにならす。

2 食べ物をおく

新品のビニール袋を手袋がわりにして食べ物を容器に入れる。ふたに、実験をはじめた日、食べ物、どこの土かを書く。しっかりとふたをして、直射日光の当たらない場所においておく。

3 水をやる

ときどき、土の色を見て、かわいているようなら霧吹きで水をやる。

観察しよう

何日目から微生物が見えてくるのかな？
食べ物はどう変化したのかな？

1日目

畑の土に、パン、ゆで卵をおく。

3日目

食べ物が白いものにおおわれた。

パン

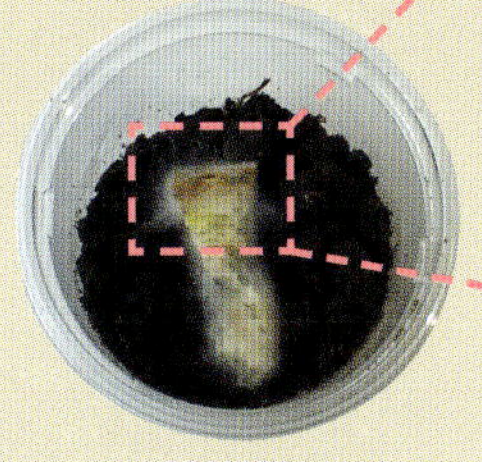

▲いろいろなカビがまざっている。

ゆで卵

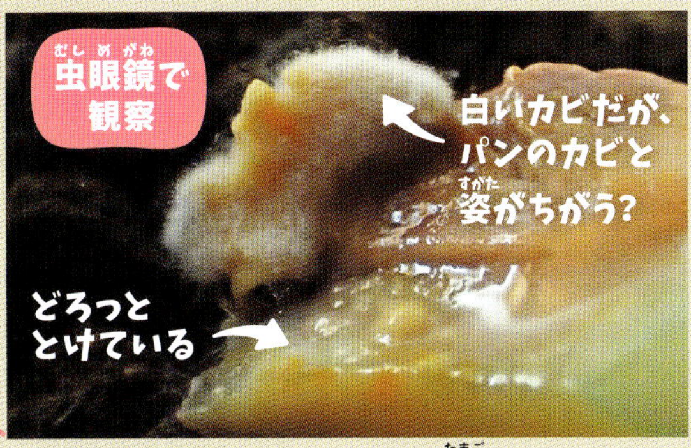

▲白いカビが生えていて、ゆで卵はどろっととけている。

まとめ

- ３日目からパンやゆで卵にカビが生えはじめた。
- ゆで卵は、とてもくさいにおいになっていた。
- どの土でもカビが生えたが、砂の多い、さらさらの土は、カビが生えにくかった。

もっと知りたい！

食べ物以外のものをおくとどうなるの？

レジ袋、ペットボトルなど、食べ物以外のものをおいて、微生物がふえるかどうか、同じように実験してみました。1週間おいても、なんの変化も見られません。これは、レジ袋、ペットボトルなどが、微生物の栄養にならない「プラスチック」でできているからです。

◀1週間、土の上においたレジ袋のかけら。

地球を変えた微生物

大むかしにタイムスリップ！　地球の環境を大きく変えた微生物の話だよ。この微生物は、今から27億年前にあらわれたんだって。

こんな微生物が大かつやく！

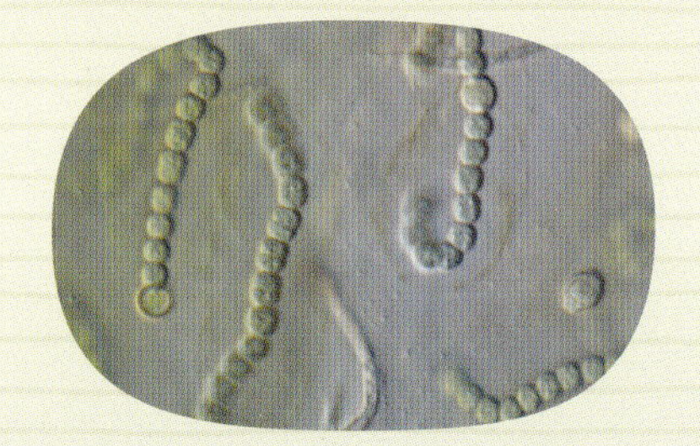

シアノバクテリア（バクテリア〈細菌〉）

太陽の光と水、二酸化炭素※をもとに光合成※をしている。植物のもつ、「葉緑体※」のもとになったんだよ。

すべての生き物のはじまりは微生物

今から46億年前に地球が誕生した。その後しばらくは、生き物は地球上にはいなかった。最初に地球上に生き物が誕生したのは38億年前。すべての生命は、微生物からはじまったんだよ。

最初の生き物？

生き物に害のある「紫外線※」などがとどかない海底の、熱水が噴き出すところで生まれたと考えられている。

シアノバクテリアの登場

今から27億年前、海の中に、「シアノバクテリア」という微生物があらわれた。これは、最初の生き物だった微生物から変化して生まれたバクテリアだよ。

シアノバクテリアは、太陽の光と水、二酸化炭素から、養分※と酸素※をつくり出すことができたんだ。これを光合成というよ。

酸素は、今は生き物が生きるために、必要なものだけれど、この時代に生きていた微生物は、酸素が苦手だったんだ。

酸素を利用する微生物の登場

海の中に酸素※が少しずつふえると、酸素を利用して、エネルギーを生み出す微生物があらわれたんだ。

酸素が苦手な微生物は、しだいに酸素がない海の底においやられ、ひっそりとくらすことになった。

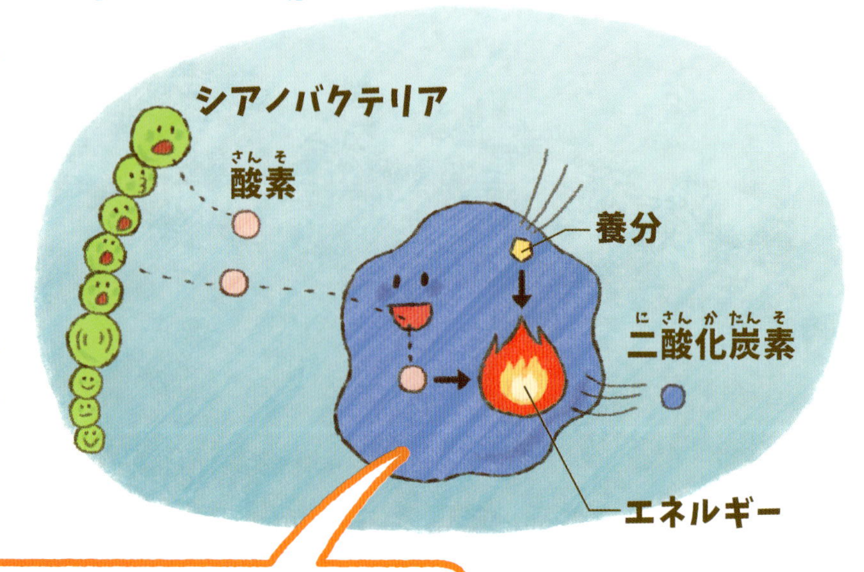

酸素を利用する微生物

微生物がとりこんだ酸素は、養分※と結びついて、エネルギーを生み出し、二酸化炭素※が出される。これを呼吸※という。きみも、呼吸してごはんを食べて養分をとっているよね。こうやって、エネルギーを生み出して生きているんだよ。

酸素が苦手な微生物

酸素が苦手な微生物は、酸素のほとんどない海の底やどろの中、おなかの中などでくらしている。腸の中にいる「乳酸菌」もその仲間だよ。

地球の環境が大きく変わる

酸素は、海の中から少しずつ空に広がっていった。すると、空で酸素が集まり、「オゾン層※」ができたんだ。オゾン層は、太陽の光にふくまれる紫外線※を吸収するはたらきをする。

紫外線は生き物を病気にしてしまうから、オゾン層がなかったころ、生き物は紫外線があまりとどかない水中でしか、くらせなかったんだ。

でも、オゾン層ができたことで、5億年前、生き物は陸に上がることができて、数や種類をふやしていったんだ。

人の祖先であるカエルやイモリの仲間「両生類」は、3億7千万年前に陸に上がった。

もっと知りたい！

地球を凍らせたシアノバクテリア

酸素が苦手な微生物の中に、「メタン菌」がいます。メタン菌は、地球をあたためるメタンガスを出します。シアノバクテリアが生まれる前、空にはメタンガスがあふれ、地球はあたたかかったと考えられています。

でも、シアノバクテリアが生まれて光合成※をはじめると、気温が下がっていきました。光合成でつくられた酸素が、メタンガスと結びついて別のものに変えてしまったからです。やがて、地球は凍り、多くの生き物が絶滅したと考えられています。その後、火山から出る二酸化炭素によって、地球はあたたまり、氷はとけていきました。

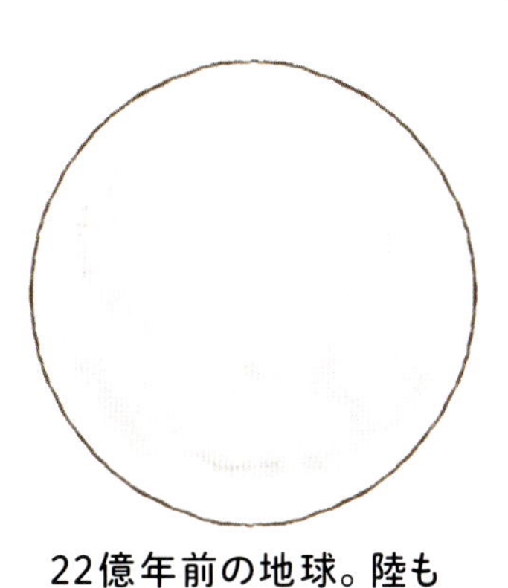

22億年前の地球。陸も海も氷におおわれた。

光合成をする仲間

今から20億年ぐらい前、シアノバクテリアを体の中にとりこんで、光合成※の力を手に入れた微生物がいる。「微細藻類」といわれている仲間だ。

とりこまれたシアノバクテリアは、葉緑体※というものに姿を変えて、光合成を続けていったんだ。

そして、微細藻類の中から、陸に上がって植物になったものもいる。植物が光合成をするのは、シアノバクテリアが姿を変えた葉緑体をもっているからなんだよ。

あ〜ん

初期の微細藻類

シアノバクテリアをとりこむ

シアノバクテリアがほかの微生物にとりこまれて、その微生物の一部となった。こうして生まれたのが、初期の微細藻類だよ。

葉緑体をもつ微生物の仲間。体全体に葉緑体が広がっているので緑色に見える。おもに水の中でくらしている。

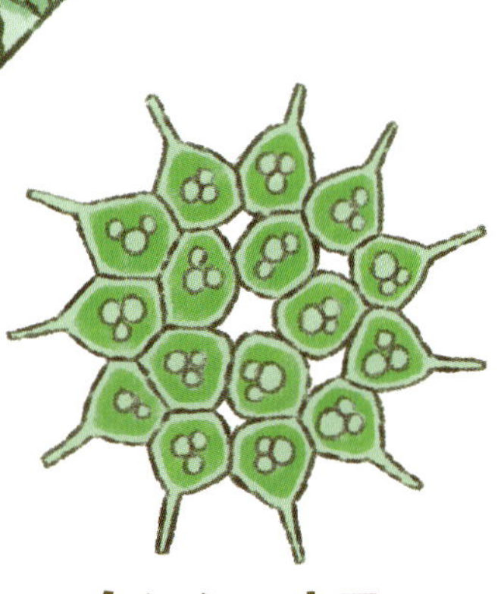

クンショウモ

ミカヅキモ

イカダモ

▲池や田んぼの水が緑色に見えるのは、微細藻類がたくさんいるため。

シアノバクテリアは、光合成をして酸素※をつくり出すことで、地球の環境を大きく変化させたんだね。

やってみよう！

シアノバクテリアを観察してみよう

シアノバクテリアは、水の中だけではなく、陸の上でもくらしている。陸の上でくらすシアノバクテリアの一種で、「イシクラゲ」という種類がいる。見た目は、ワカメのようだけれど、これはシアノバクテリアがたくさん集まったものなんだ。顕微鏡で見て確かめてみよう。

用意するもの

- 小さい皿
- 顕微鏡
  100倍以上の倍率がある光学顕微鏡がよい。

- スライドグラス
- カバーグラス
- ピンセット
- スポイト
- 水（少量）

やり方

1 イシクラゲを探す

公園の土の上、芝生の間など、水がたまるような湿っぽい場所にいることが多い。

▲草の間に見えているのがイシクラゲ。

2 観察するための準備をする

イシクラゲを皿の上におき、水を少したらして湿らせる。ピンセットで小さくちぎりとり、スライドグラスの上におく。スポイトで1滴ほど水を加えて、カバーグラスをかける。

観察しよう

シアノバクテリアはどんな姿に見えるかな？

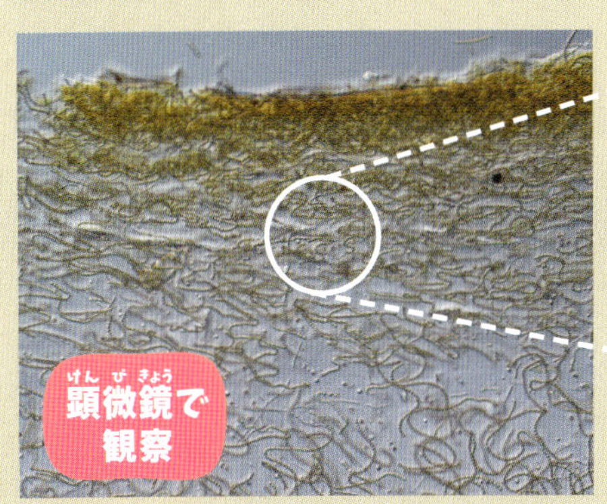

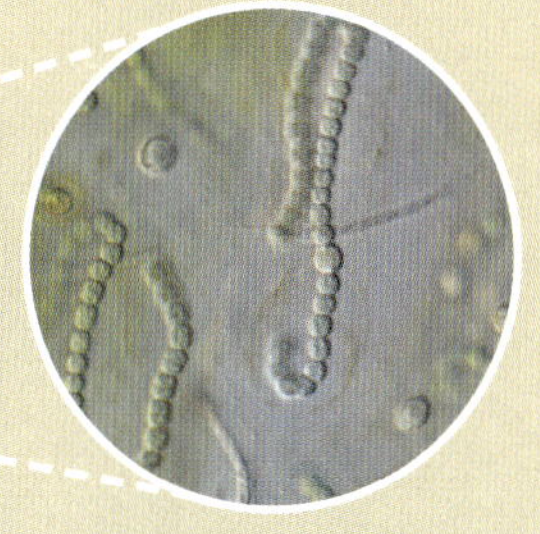

▲緑色をした丸いつぶがたくさんつながって見える。

まとめ

- ひとつひとつのシアノバクテリアのつぶを観察できた。
- 見た目は、ワカメのようだが、拡大して見ると、シアノバクテリアがネックレスのようにたくさんつながっているようすが観察できた。

わくわくミクロ偉人伝

微生物学の父 レーウェンフック

オランダの町、デルフト生まれ。16歳で織物店につとめ、織り目を見る虫眼鏡に興味をもつ。眼鏡職人からレンズのつくり方を学び、自力で顕微鏡をつくる。その数なんと500台！「目に見えないほど小さな生き物たち」を発見し、「微小動物」という名をつける。

レーウェンフックがみがいたレンズは、直径約１ミリメートル。この小さな球形のレンズは、200倍に大きくして見ることができた。このレンズを使った顕微鏡で、目に見えない微生物が、池の水にも口の中にもいることを発見。その業績がたたえられて、レーウェンフックは「微生物学の父」とよばれている。

食べられる微生物

微生物はとても小さい。だから、自分よりも大きい生き物に食べられることが多い。でも、この「食べられること」が、多くの生き物の命をささえているんだ。

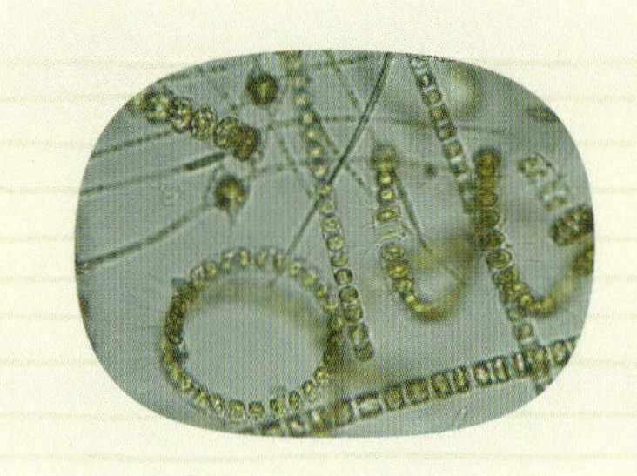

こんな微生物が大かつやく!

微細藻類の仲間

光合成※をする小さな藻類だよ。

食べたり、食べられたり

陸の上でも、水の中でも、生き物はかならず、ほかの生き物を食べたり、食べられたりすることで、つながっている。

きみが夕食に食べた大きなタイは、何を食べて成長したか知っている？　答えはイワシぐらいの小さな魚。じゃあ、そのイワシは何を食べて成長したのかな？

こうやって、何を食べるのかを順番にさかのぼっていくと、最後は微生物に行きつくんだ。

最初に食べられる生き物

陸の上で、最初に食べられるのは植物だよ。植物の葉や実などを食べた動物が、また別の動物に食べられて…とつながっている。このようなしくみを「食物連鎖」というよ。

水の中で最初に食べられるのは、微細藻類という微生物の仲間だ。「植物プランクトン※」ともいわれている。

小さい魚

いただきます

大きい魚

命をささえる微細藻類

微細藻類を食べるのは、「動物プランクトン※」だよ。目に見えないくらい小さいものから、1ミリメートルをこえるエビやカニの赤ちゃんまでさまざまな大きさの動物をまとめて、動物プランクトンとよぶんだ。

動物プランクトンはイワシなどの小さい魚に食べられて、小さい魚はタイなどの大きい魚に食べられるんだ。微細藻類は、水の中のすべての生き物の命をささえる大切な仕事をしている。

微細藻類は、水の中の多くの生き物の命の出発点なんだね。

くらしに役立つ微生物

きみが毎日、トイレで流している水。その水をきれいにしているのも、微生物だって知っている？

こんな微生物が大かつやく！

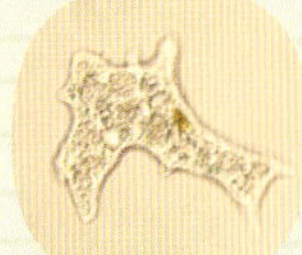

アメーバ（原生生物）
体のかたちを変えながら移動し、バクテリアなどを食べる。

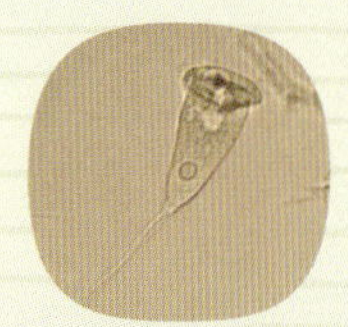

ツリガネムシ（原生生物）
枯れ枝などにはりついて、バクテリアなどを食べる。

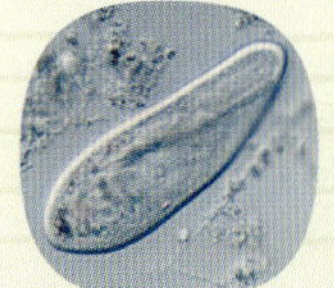

ゾウリムシ（原生生物）
短い毛を動かしながら移動し、バクテリアなどを食べる。

バクテリア〈細菌〉の仲間
菌類や原生生物よりずっと小さい。落ち葉やフンなどを栄養にしている。

水のよごれをきれいにする

森に落ち葉やフン、生き物の死がいなどがたまるように、水の中にも、魚のフン、生き物の死がいなど、さまざまなものがたまる。水がそれらでうまってしまわないのは、微生物がそうじをしているからだ。

水の中には、フンや死がいなどから養分※を吸いとるバクテリアがたくさんいる。バクテリアは、それよりも大きいゾウリムシやアメーバなどの原生生物のえさになるよ。

下水処理場ではたらく

微生物の力を借りて、よごれた水をきれいにする施設がある。「下水処理場」だ。

下水処理場には、たくさんの家庭から流れてきた、よごれた水が集まってくる。水のよごれは、微生物にとっては栄養たっぷりのごちそうなんだ。

下水をためた水槽の中に、バクテリアなどの数十種類の微生物をふくむどろを入れると、よごれの養分を吸いとって分解※していく。これによって、よごれた水がきれいになっていくよ。

▲下水処理場の中には、水をきれいにするための水槽がたくさんある。

水をきれいにする方法

下水1リットル当たり、100,000,000,000個（1000億）以上の微生物をはたらかせ、水をきれいにしている。下水をためた水槽の中に、バクテリアなどの数十種類の微生物をふくむどろを入れ、空気を吹きこむ。すると、さまざまな微生物が水のよごれにくっつき、分解していく。

1 下水の中に空気を吹きこむと、水のよごれや微生物がまい上がる。

2 よごれにバクテリアがくっつき、分解していく。ツリガネムシやアメーバ、ゾウリムシなどもくっつき、バクテリアを食べる。

3 空気を止めると、微生物が底へしずみ、きれいな水が残る。

むかしの人と微生物

下水のしくみがなかったむかしの農村では、よごれた水は、土を掘って、そこに流していた。土にしみこんだよごれた水は、微生物によってきれいにされてから、川に流れていくというしくみだ。

また、うんちやおしっこは、畑の肥料にしていたんだよ。うんちやおしっこは、微生物にとって栄養のかたまり。微生物は、うんちやおしっこの養分※を吸いとって、土の養分に変えてくれるんだ。

むかしの人は、微生物のことは知らなかったけれど、ふしぎなはたらきをうまく利用してくらしていたんだよ。

微生物をくらしに役立てるには

人は微生物なしでは生きていけない。でも、微生物に頼りすぎるのもよくない。すべてのゴミを微生物が分解※できるわけではないし、ゴミを土にかえすには、長い時間がかかる。微生物の分解の速さを上回る速さで、人がゴミを捨てれば、いずれ地球上はゴミだらけになってしまう。

微生物を人のくらしに役立てるには、人と微生物が、おたがいに協力しあうことが大切だ。

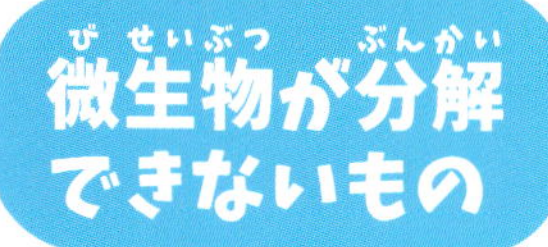

微生物が分解できるプラスチック

植物からつくった「生分解性プラスチック※」というものがある。植物が原料なので、このプラスチックは分解されて、二酸化炭素※と水になるんだ。

▲微生物によって分解されていく生分解性プラスチック。

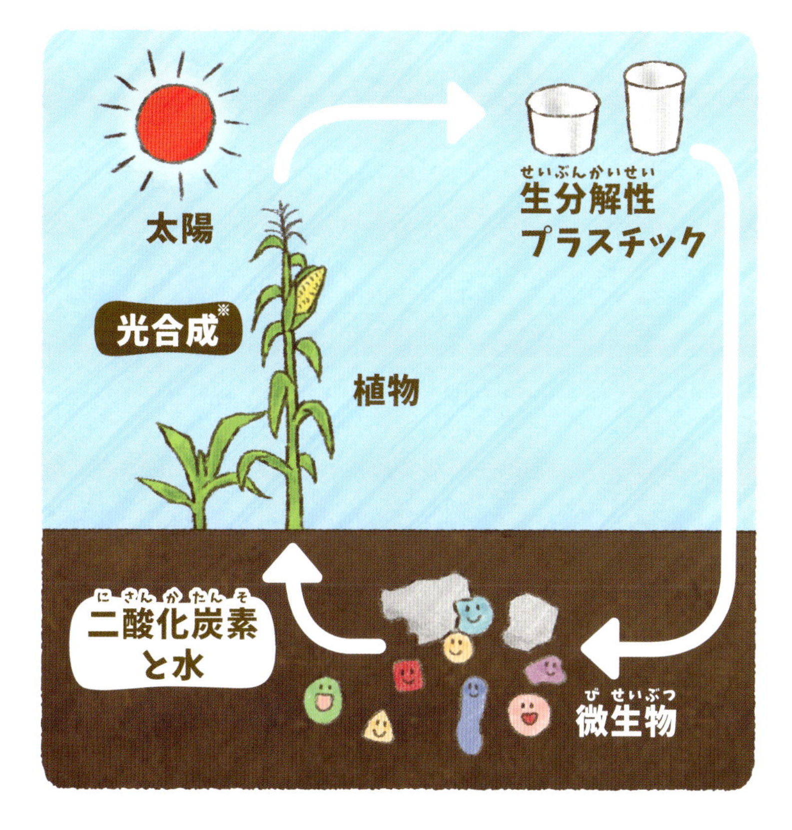

人は、むかしからくらしの中で微生物をうまく利用してきたんだね。これからもうまくつきあっていくためには、おたがいに協力しないといけないね。

微生物ミニ図鑑

この本には、いろいろな微生物が登場しました。それらは大きなグループに分けることができます。どのように分けられるのか、見てみましょう。

●微生物の分類

バクテリア〈細菌〉

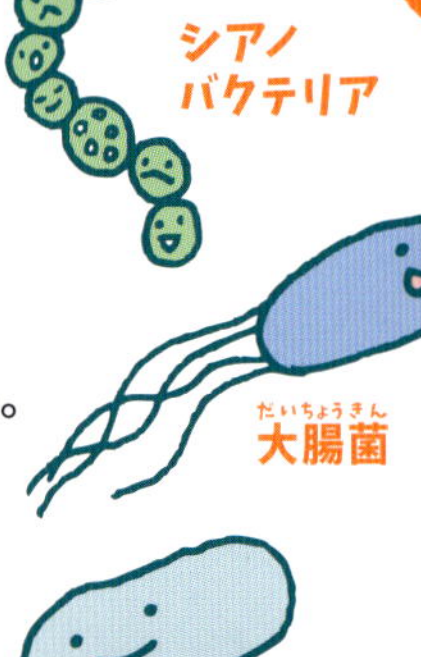

●くらしている場所
土の中、水の中、生き物の体の中、食べ物など、いろいろな場所。

●大きさ
0.0005～ 0.75ミリメートルぐらい。

●どんなグループ？
落ち葉や死がい、食べ物などを分解※する。硫黄を栄養にするものもいる。

アーキア〈古細菌〉

●くらしている場所
温泉の中、海底の熱水孔など。

●大きさ
0.0005～0.004ミリメートルぐらい。

●どんなグループ？
非常に温度が高いところなど、きびしい環境にくらしているものが多い。

原生生物

●くらしている場所
土の中、水の中など。

●大きさ
0.001～60ミリメートルぐらい。

●どんなグループ？
バクテリア、アーキア、菌類、小さな動物のグループに入らない生き物。微細藻類は原生生物にふくまれるが、別分類にした。バクテリアやカビなどを食べてくらしている。

微細藻類

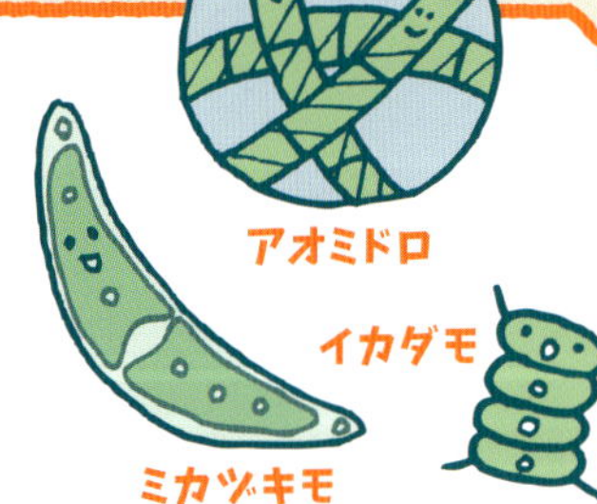

●くらしている場所
水の中、土の中など。

●大きさ
0.001～１ミリメートルぐらい。

●どんなグループ？
原生生物のうち、葉緑体※をもち、光合成※をして、自分で養分※をつくっているもの。葉緑体をもっているため、緑色をしているものが多い。

菌類

●くらしている場所
土の中、水の中、食べ物など、いろいろな場所。

●大きさ
0.005～ 0.05ミリメートルぐらい。（胞子※）
菌糸※はかぎりなくのびる。

●どんなグループ？
菌糸をのばし、落ち葉や死がい、食べ物などを分解して養分を手に入れている。ほかの植物とも栄養のやりとりをしている。キノコも菌類の仲間。

小さな動物

●くらしている場所
土の中、水の中など。

●大きさ
0.1～２ミリメートルぐらい。

●どんなグループ？
わたしたちと同じ動物の仲間で、落ち葉や死がい、ほかの生き物などを食べてくらしている。

●地球ではたらく微生物 プラス！

本文には出てこなかった、地球でかつやくする微生物をしょうかいします。

バクテリア〈細菌〉

植物の成長を助ける―根粒菌―

●くらしている場所

マメ科植物の根にできるこぶの中。

●大きさ

0.002ミリメートルぐらい。

●どんな微生物？

マメ科植物に栄養をもらうかわりに、土の中の窒素から養分となるアンモニア化合物をつくり、植物にあたえます。根粒菌のおかげで、マメ科植物は、競争相手のいない、養分の少ない土地で育つことができます。

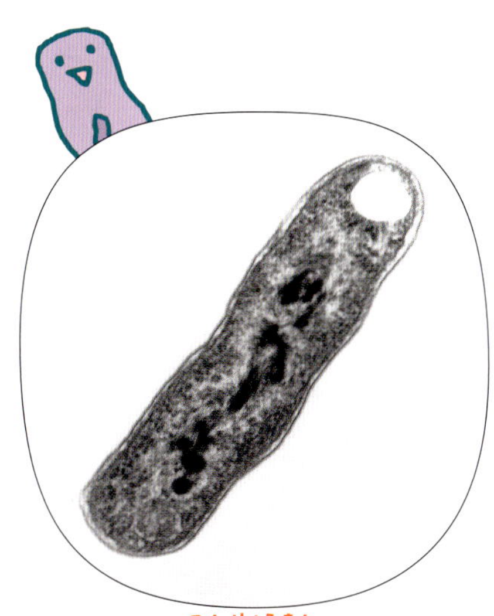

根粒菌

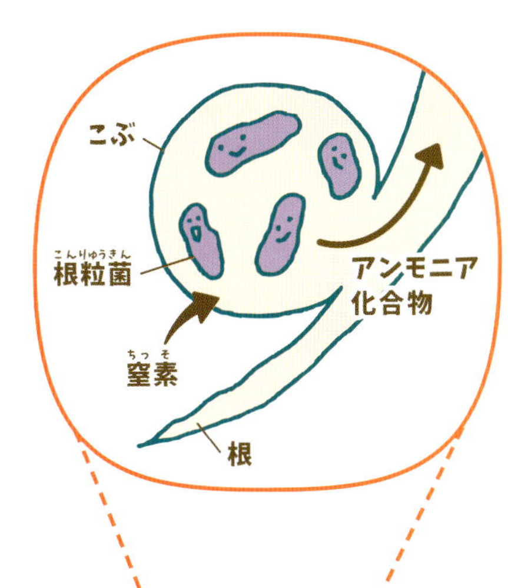

▶根についたこぶの中に、根粒菌がたくさん入っている。

バクテリア〈細菌〉

カビに似たバクテリア―放線菌―

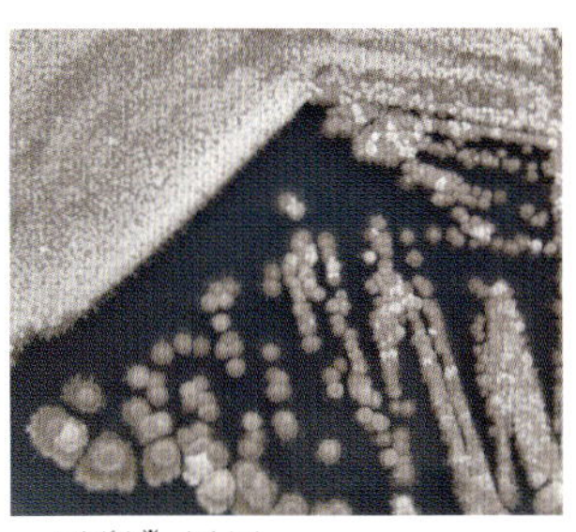

▲肉眼※で確認できるくらいふえた放線菌。

放線菌

●くらしている場所

土の中。

●大きさ

0.001ミリメートルぐらい。（菌糸の太さ）

●どんな微生物？

土1グラム当たり、1,000,000（100万）個以上いると考えられています。土のにおいは、放線菌によるものです。カビのように菌糸をのばして、落ち葉、死がいなどを栄養にしています。

原生生物

光る微生物 ―ヤコウチュウ―

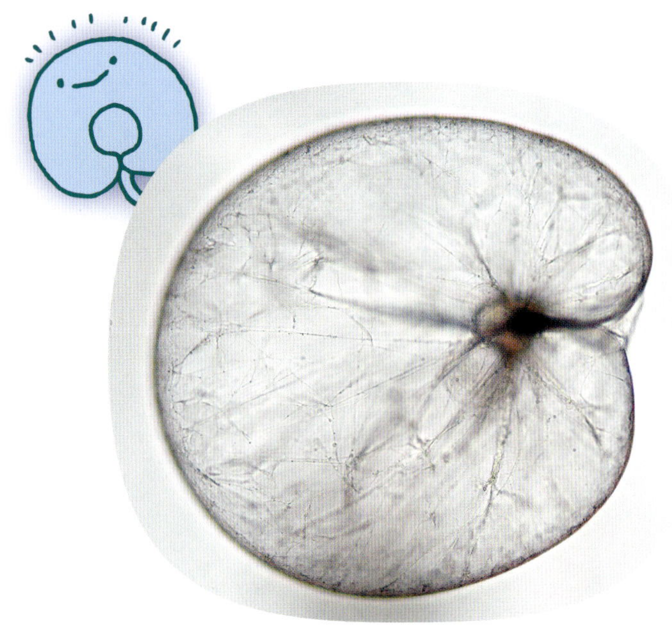

ヤコウチュウ

●くらしている場所　海の中。

●大きさ　1〜2ミリメートルぐらい。

●どんな微生物？

「ルシフェリン」という光を出す物質を、体の中でつくっています。そのため、ヤコウチュウのいる海で、波しぶきが立つと、その刺激で青白く光りかがやきます。光る目的がなんなのかは、くわしくわかっていません。

▶ヤコウチュウによって光った水面。

微細藻類

地球を救う？ ―ミドリムシ―

▲ミドリムシを育てるタンク。

ミドリムシ

◀ミドリムシクッキー。クッキー1枚に200,000,000個のミドリムシが入っている。

●くらしている場所

川、池などの淡水の中。

●大きさ

0.02〜0.5ミリメートルぐらい。

●どんな微生物？

「鞭毛」という長い毛を動かして移動します。ミドリムシにはとても栄養があるため、健康食品の材料として利用されています。また、ミドリムシから燃料をつくることもでき、石油にかわる燃料として、研究が進められています。

菌類

微細藻類をとりこんだ菌類 ―地衣類―

●くらしている場所
木の表面、石の表面など。

●大きさ
数ミリメートル～数メートルぐらい。

●どんな微生物？
菌類が、微細藻類をとりこんだものが地衣類です。菌類は、微細藻類を守り、水をあたえるかわりに、微細藻類のつくった養分※を利用して生きています。

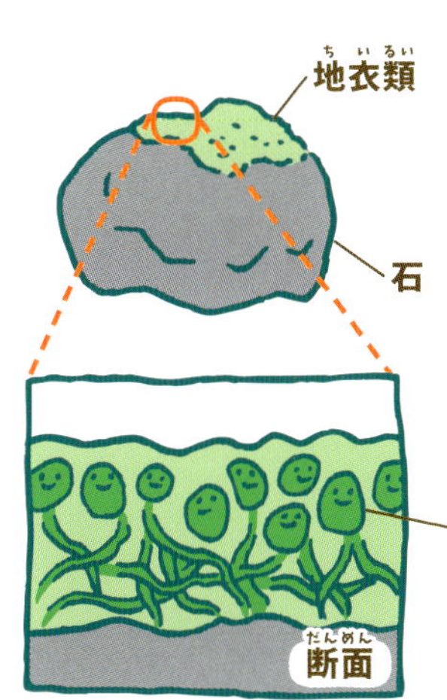

▲地衣類の中には、とりこまれた微細藻類がいる。

ウメノキゴケ

▶地衣類には、さまざまな姿がある。

ヒメジョウゴゴケ

ミヤマハナゴケ

コナアカミゴケ

小さな動物

落ち葉をせっせと食べる ―ササラダニ―

●くらしている場所 土の中。

●大きさ 0.5～2ミリメートルぐらい。

●どんな微生物？
ササラダニは、土の中でくらす9000種類以上のダニの総称で、ダニの中でも一番種類が多く、おもに森の落ち葉や菌類などを食べてくらしています。そのフンをバクテリアや菌類が分解※しています。ササラダニも大切な森のそうじ屋さんです。

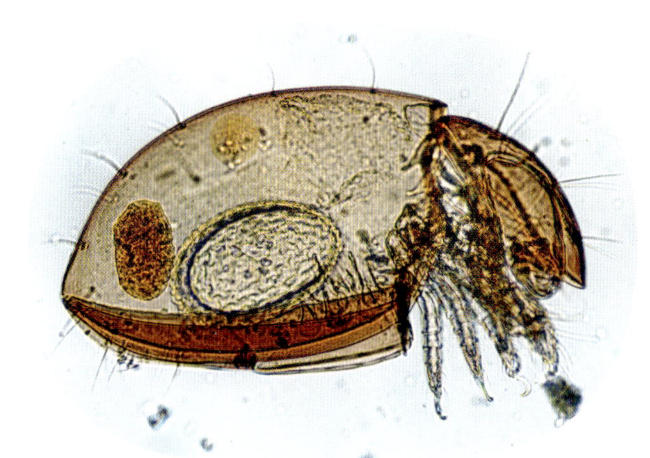
ササラダニの一種
ヒメヘソイレコダニ

▶ササラダニのフンをバクテリアが分解する。

用語解説（五十音順）

本文に出てきた言葉（※印がついているもの）を、くわしく説明します。

オゾン層

酸素のつぶが3つ結びついてできたオゾンが集まり、地球の上空で層になったもの。生き物にとって有害な紫外線が地上にとどくのをふせぐはたらきをする。

活性酸素

生き物が体の中にとりこんだ酸素の一部が変化したもの。たくさんたまると体の中のいろいろなものに反応して悪さをする。

菌糸

カビなどの菌類の体をつくっている糸状のもの。枝分かれしたり集まったりしながら広がる。

光合成

植物や微細藻類などが、太陽の光と水、二酸化炭素から、酸素やデンプンなどをつくり出すこと。酸素は、生き物の呼吸に使われ、デンプンは、葉や実にためられて、生き物の栄養になる。

呼吸

生き物が、外から酸素をとりこみ、外に二酸化炭素を出すはたらきのこと。生き物の体の中にとりこまれた酸素は養分と結びつき、エネルギーを生み出す。

酸素

生き物が、呼吸によって体の中へとりこむガスのこと。植物は、二酸化炭素をとりこみ、外に酸素を出す。

紫外線

太陽からとどく光（電磁波）のうち、人の目には見えない光線。生き物にとって有害だが、ほとんどがオゾン層に吸収される。

植物プランクトン

水の中の生き物のうち、泳ぐ力がないか、ほとんどただよっているものをプランクトンという。その中で、光合成をして自分で養分をつくり出す微細藻類の仲間のこと。

生分解性プラスチック

微生物などによって、最後には二酸化炭素と水に分解されるプラスチック。植物が光合成でつくったデンプンをおもな材料にしている。微生物などによって完全に分解されるため、ゴミとして残らない。CDやパソコン、容器などに使われている。

動物プランクトン

水の中の生き物のうち、泳ぐ力がないか、ほとんどただよっているものをプランクトンという。その中で、植物プランクトンなど、ほかの生き物を食べる動物のこと。エビやカニの赤ちゃんや、クラゲなどの大きい動物もふくまれる。

肉眼

虫眼鏡、望遠鏡、顕微鏡などを使わないで見たときの視力。

二酸化炭素

生き物が、呼吸によって体の外へ出すガスのこと。微生物は、落ち葉やフンなどを分解して、二酸化炭素や水などに変える。植物は、二酸化炭素をとりこみ、光合成によって外に酸素を出す。

分解

微生物が、落ち葉や動物の死がいやフン、食べ物などから養分を吸いとり、くさらせて、二酸化炭素や水、アンモニアなどに変えること。

胞子

カビやキノコなどの菌類や植物が、ふえるためにつくり出す、植物の種のようなもの。さまざまな場所へ飛んでいった胞子は、芽を出して生きる範囲を広げる。

養分

生き物が、体をつくったり成長したりするために、とりこむ必要のある物質。養分には、いろいろな種類があり、微生物は落ち葉やフン、食べ物の中などから、植物は土の中などから、動物は食べ物から養分をとりこみ、それをエネルギーに変えている。

葉緑体

微細藻類や植物の中にある、光合成をおこなう部分。シアノバクテリアという微生物が、20億年前、別の微生物にとりこまれ、葉緑体になったと考えられている。

さくいん

あ

か

さ

た

な

は

ま

や

ら

監修　細矢 剛（ほそや つよし）

1963年東京生まれ。製薬会社の研究員を経て、2004年から国立科学博物館勤務。専門は菌類で、製薬会社では薬のもとになる物質を探す探索研究をしていた。国立科学博物館では、菌類の研究の基礎となる分類学の研究を行っている。著書に『カビ図鑑』（全国農村教育協会、分担執筆）、『菌類の世界』（誠文堂新光社）、監修に『カビのふしぎ』（汐文社）などがある。

写真提供（五十音順　敬称略）

足立高行 P.37〈ヒメヘソイレコダニ〉／池田市上下水道部 P.30〈アメーバ, ツリガネムシ〉, P.31〈水槽〉／加戸隆介（北里大学） P.28〈微細藻類〉／株式会社ユーグレナ P.36〈ミドリムシ, タンク, ミドリムシクッキー〉／コーベット・フォトエージェンシー P.13〈落ち葉〉／出川洋介（筑波大学） P.10〈ミズタマカビ〉, P.15〈ミズタマカビ〉／新潟大学理学部附属臨海実験所 P.36〈ヤコウチュウ〉／日本バイオプラスチック協会 P.33〈プラスチックの分解〉／浜田盛之（独立行政法人 製品評価技術基盤機構 NITE） P.35〈放線菌〉／ Hans Hillewaert P.36〈ヤコウチュウによって光った水面〉／フォトライブラリー P.24〈池〉, P.35〈根〉, P.37〈ウメノキゴケ, ヒメジョウゴゴケ, ミヤマハナゴケ, コナアカミゴケ〉／細矢 剛（国立科学博物館） P.10〈アオカビ, バクテリア〉, P.12〈落ち葉〉, P.20〈シアノバクテリア〉, P.25〈イシクラゲ, シアノバクテリア〉, P.30〈バクテリア〉／南澤 究（東北大学） P.35〈根粒菌〉

装丁・本文デザイン　株式会社参画社

イラスト（五十音順）　尾崎たえこ（P.10～17, P.20～24, P.28～33）
ひらのあすみ（P.4～9, P.34～37）
メイヴ（P.18～19, P.25～27）

編集協力　伊沢尚子

編集制作　株式会社童夢

わくわく微生物ワールド
❶地球ではたらくカビとバクテリアたち

2017年 1月27日　初版第1刷発行

監修　細矢 剛
発行者　鈴木雄善
発行所　鈴木出版株式会社
〒113-0021　東京都文京区本駒込6-4-21
電話　03-3945-6611
ファックス　03-3945-6616
振替　00110-0-34090
ホームページ　http://www.suzuki-syuppan.co.jp/
印刷　図書印刷株式会社

©Suzuki Publishing Co.,Ltd. 2017

ISBN978-4-7902-3323-7 C8045
Published by Suzuki Publishing Co.,Ltd.
Printed in Japan
NDC465/39p/28.3×21.5cm

乱丁・落丁は送料小社負担でお取り替えいたします